사고력 수학 소마가 개발한 연산학습의 새 기준!!

소마의 **마술**같은 원리**셈**

소마셈

P8
7세 · 1학년

수학이 즐거워지는 특별한 수학교실
소마에서 개발한 연산교재 소마셈

소마셈

2002년 대치소마 개원 이후로 끊임없는 교재 연구와 교구의 개발은 소마의 자랑이자 자부심입니다. 교구, 게임, 토론 등의 다양한 활동식 수업으로 스스로 문제해결능력을 키우고, 아이들이 수학에 대한 흥미와 자신감을 가질 수 있도록 차별성 있는 수업을 해 온 소마에서 연산 학습의 새로운 패러다임을 제시합니다.

연산 교육의 현실

연산 교육의 가장 큰 폐해는 '초등 고학년 때 연산이 빠르지 않으면 고생한다.'는 기존 연산 학습지의 왜곡된 마케팅으로 인해 단순 반복을 통한 기계적 연산을 강조하는 것입니다. 하지만, 기계적 반복을 위주로 하는 연산은 개념과 원리가 빠진 연산 학습으로써 아이들이 수학을 싫어하게 만들 뿐 아니라 사고의 확장을 막는 학습방법입니다.

초등수학 교과과정과 연산

초등교육과정에서는 문자와 기호를 사용하지 않고 말로 풀어서 연산의 개념과 원리를 설명하다가 중등교육과정부터 문자와 기호를 사용합니다. 교과서를 살펴보면 모든 연산의 도입에 원리가 잘 설명되어있습니다. 요즘 현실에서는 연산의 원리를 묻는 서술형 문제도 많이 출제되고 있는데 연산은 연습이 우선이라는 인식이 아직도 지배적입니다.

연산 학습은 어떻게?

연산 교육은 별도로 떼어내어 추상적인 숫자나 기호만 가지고 다뤄서는 절대로 안됩니다. 구체물을 가지고 생각하고 이해한 후, 연산 연습을 하는 것이 필요합니다. 또한, 속도보다 정확성을 위주로 학습하여 실수를 극복할 수 있는 좋은 습관을 갖추는 데에 초점을 맞춰야 합니다.

소마셈 연산학습 방법

 10이 넘는 한 자리 덧셈　**구체물을 통한 개념의 이해**

덧셈과 뺄셈의 기본은 수를 세는 데에 있습니다. 8+4는 8에서 1씩 4번을 더 센 것이라는 개념이 중요합니다. 10의 보수를 이용한 받아 올림을 생각하면 8+4는 (8+2)+2지만 연산 공부를 시작할 때에는 덧셈의 기본 개념에 충실한 것이 좋습니다. 이 책은 구체물을 통해 개념을 이해할 수 있도록 구체적인 예를 든 연산 문제로 구성하였습니다.

 가로셈　**가로셈을 통한 수에 대한 사고력 기르기**

세로셈이 잘못된 방법은 아니지만 연산의 원리는 잊고 받아 올림한 숫자는 어디에 적어야 하는지만을 기억하여 마치 공식처럼 풀게 합니다. 기계적으로 반복하는 연습은 생각없이 연산을 하게 만듭니다. 가로셈을 통해 원리를 생각하고 수를 쪼개고 붙이는 등의 과정에서 키워질 수 있는 수에 대한 사고력도 매우 중요합니다.

 곱셈구구　**곱셈도 개념 이해를 바탕으로**

곱셈구구는 암기에만 초점을 맞추면 부작용이 큽니다. 곱셈은 덧셈을 압축한 것이라는 원리를 이해하며 구구단을 외움으로써 연산을 빨리 할 수 있다는 것을 알게 해야 합니다. 곱셈구구를 외우는 것도 중요하지만 곱셈의 의미를 정확하게 아는 것이 더 중요합니다. 4×3을 할 줄 아는 학생이 두 자리 곱하기 한 자리는 안 배워서 45×3을 못 한다고 말하는 일은 없도록 해야 합니다.

소마셈 ★ 학습가이드

K단계 (5, 6, 7세) · 연산을 시작하는 단계

뛰어세기, 거꾸로 뛰어세기를 통해 수의 연속한 성질(linearity)을 이해하고 덧셈, 뺄셈을 공부합니다. 각 권의 호흡은 짧지만 일관성 있는 접근으로 자연스럽게 나선형식 반복학습의 효과가 있도록 하였습니다.

학습대상 : 연산을 시작하는 아이와 한 자리 수 덧셈을 구체물(손가락 등)을 이용하여 해결하는 아이

학습목표 : 수와 연산의 튼튼한 기초 만들기

P단계 (7세, 1학년) · 받아올림이 있는 덧셈, 뺄셈을 배울 준비를 하는 단계

5, 6, 9 뛰어세기를 공부하면서 10을 이용한 더하기, 빼기의 편리함을 알도록 한 후, 가르기와 모으기의 집중학습으로 보수 익히기, 10의 보수를 이용한 덧셈, 뺄셈의 원리를 공부합니다.

학습대상 : 받아올림이 없는 한 자리 수의 덧셈을 할 줄 아는 학생

학습목표 : 받아올림이 있는 연산의 토대 만들기

A단계 (1학년) · 초등학교 1학년 교과과정 연산

받아올림이 있는 한 자리 수의 덧셈, 뺄셈은 연산 전체에 매우 중요한 단계입니다. 원리를 정확하게 알고 A1에서 A4까지 총 4권에서 한 자리 수의 연산을 다양한 과정으로 연습하도록 하였습니다.

학습대상 : 초등학교 1학년 수학교과과정을 공부하는 학생

학습목표 : 10의 보수를 이용한 받아올림이 있는 덧셈, 뺄셈

B단계 (2학년) · 초등학교 2학년 교과과정 연산

두 자리, 세 자리 수의 연산을 다룬 후 곱셈, 나눗셈을 다루는 과정에서 곱셈구구의 암기를 확인하기보다는 곱셈구구를 외우는데 도움이 되고, 곱셈, 나눗셈의 원리를 확장하여 사고할 수 있도록 하는데 초점을 맞추었습니다.

학습대상 : 초등학교 2학년 수학교과과정을 공부하는 학생

학습목표 : 덧셈, 뺄셈의 완성 / 곱셈, 나눗셈의 원리를 정확하게 알고 개념 확장

C단계 (3학년) · 초등학교 3, 4학년 교과과정 연산

B단계까지의 소마셈은 다양한 문제를 통해서 학생들이 즐겁게 연산을 공부하고 원리를 정확하게 알게 하는데 초점을 맞추었다면, C단계는 3학년 과정의 큰 수의 연산과 4학년 과정의 혼합 계산, 괄호를 사용한 식 등, 필수 연산의 연습을 충실히 할 수 있도록 하였습니다.

학습대상 : 초등학교 3, 4학년 수학교과과정을 공부하는 학생

학습목표 : 큰 수의 곱셈과 나눗셈, 혼합 계산

D단계 (4학년) · 초등학교 4, 5학년 교과과정 연산

분모가 같은 분수의 덧셈과 뺄셈, 소수의 덧셈과 뺄셈을 공부하여 초등 4학년 과정 연산을 마무리하고 초등 5학년 연산과정에서 가장 중요한 약수와 배수, 분모가 다른 분수의 덧셈과 뺄셈을 충분히 익힐 수 있도록 하였습니다.

학습대상 : 초등학교 4, 5학년 수학교과과정을 공부하는 학생

학습목표 : 분모가 같은 분수의 덧셈과 뺄셈, 소수의 덧셈과 뺄셈, 분모가 다른 분수의 덧셈과 뺄셈

소마셈 단계별 학습내용

K단계 추천연령 : 5, 6, 7세

단계	K1	K2	K3	K4
권별 주제	10까지의 더하기와 빼기 1	20까지의 더하기와 빼기 1	10까지의 더하기와 빼기 2	20까지의 더하기와 빼기 2
단계	K5	K6	K7	K8
권별 주제	10까지의 더하기와 빼기 3	20까지의 더하기와 빼기 3	20까지의 더하기와 빼기 4	7까지의 가르기와 모으기

P단계 추천연령 : 7세, 1학년

단계	P1	P2	P3	P4
권별 주제	30까지의 더하기와 빼기 5	30까지의 더하기와 빼기 6	30까지의 더하기와 빼기 10	30까지의 더하기와 빼기 9
단계	P5	P6	P7	P8
권별 주제	9까지의 가르기와 모으기	10 가르기와 모으기	10을 이용한 더하기	10을 이용한 빼기

A단계 추천연령 : 1학년

단계	A1	A2	A3	A4
권별 주제	덧셈구구	뺄셈구구	세 수의 덧셈과 뺄셈	□가 있는 덧셈과 뺄셈
단계	A5	A6	A7	A8
권별 주제	(두 자리 수) + (한 자리 수)	(두 자리 수) − (한 자리 수)	두 자리 수의 덧셈과 뺄셈	□가 있는 두 자리 수의 덧셈과 뺄셈

B단계 추천연령 : 2학년

단계	B1	B2	B3	B4
권별 주제	(두 자리 수) + (두 자리 수)	(두 자리 수) − (두 자리 수)	세 자리 수의 덧셈과 뺄셈	덧셈과 뺄셈의 활용
단계	B5	B6	B7	B8
권별 주제	곱셈	곱셈구구	나눗셈	곱셈과 나눗셈의 활용

C단계 추천연령 : 3학년

단계	C1	C2	C3	C4
권별 주제	두 자리 수의 곱셈	두 자리 수의 곱셈과 활용	두 자리 수의 나눗셈	세 자리 수의 나눗셈과 활용
단계	C5	C6	C7	C8
권별 주제	큰 수의 곱셈	큰 수의 나눗셈	혼합 계산	혼합 계산의 활용

D단계 추천연령 : 4학년

단계	D1	D2	D3	D4
권별 주제	분모가 같은 분수의 덧셈과 뺄셈(1)	분모가 같은 분수의 덧셈과 뺄셈(2)	소수의 덧셈과 뺄셈	약수와 배수
단계	D5	D6		
권별 주제	분모가 다른 분수의 덧셈과 뺄셈(1)	분모가 다른 분수의 덧셈과 뺄셈(2)		

구성과 특징

① 연산활동

연산은 생활에서 자주 접하게 되므로 지면 연습과 더불어 구체물을 이용하여 활동하면 연산을 이해하는 데 도움이 됩니다. 가정에서 엄마가 아이와 대화하면서 재미있고 자연스럽게 연산활동을 합니다.

TIP 활동하는 방법 또는 활동에 도움이 되는 내용을 담았습니다.

② 원리 & 연습

구체물 또는 그림을 통해 연산의 원리를 쉽게 이해하고, 원리의 이해를 바탕으로 연산이 익숙해지도록 연습합니다.

사고력 연산

반복적인 연산에서 나아가 배운 원리를 활용하여 확장된 문제를 해결합니다. 어려운 문제를 싣기보다 다양한 생각을 할 수 있는 내용으로 구성하였습니다.

Drill (보충학습)

주차별 주제에 대한 연습이 더 필요한 경우 보충학습을 활용합니다.

묶어 세기

주머니에 바둑돌을 넣은 다음 한 줌을 꺼내어 보세요. 그 다음 주사위를 던져 나온 수만큼 바둑돌을 묶어서 세어 보세요.

소마셈 P8 - 1주차

차가 10인 빼기

10에서 빼기 (1)

🌱 그림을 보고 □ 안에 알맞은 수를 써넣으세요.

	10 - 1 = 9
	10 - 2 =
	10 - 3 =
	10 - 4 =
	10 - 5 =
	10 - 6 =
	10 - 7 =
	10 - 8 =
	10 - 9 =

□ 안에 알맞은 수를 써넣으세요.

10 − 3 = ☐

10 − 5 = ☐

10 − 1 = ☐

10 − 2 = ☐

10 − 8 = ☐

10 − 6 = ☐

10 − 9 = ☐

10 − 4 = ☐

10 − 7 = ☐

10 − 5 = ☐

10 − 2 = ☐

10 − 6 = ☐

10에서 빼기 (2)

🌱 다음 식에 알맞게 수 구슬을 지우고, □ 안에 알맞은 수를 써넣으세요.

10 − □ = 7

10 − □ = 5

10 − □ = 8

10 − □ = 4

□ 안에 알맞은 수를 써넣으세요.

$$10 - \boxed{} = 9 \qquad 10 - \boxed{} = 5$$

$$10 - \boxed{} = 7 \qquad 10 - \boxed{} = 4$$

$$10 - \boxed{} = 5 \qquad 10 - \boxed{} = 8$$

$$10 - \boxed{} = 6 \qquad 10 - \boxed{} = 3$$

$$10 - \boxed{} = 1 \qquad 10 - \boxed{} = 2$$

TIP

10에서 빼기는 10에 대한 보수 개념을 이용한 받아내림이 있는 뺄셈을 익히는데 기초가 됩니다.

차가 10인 빼기 (1)

 그림을 보고 □ 안에 알맞은 수를 써넣으세요.

$$11 - 1 = \boxed{}$$

$$12 - 2 = \boxed{}$$

$$13 - 3 = \boxed{}$$

$$14 - 4 = \boxed{}$$

$$15 - 5 = \boxed{}$$

$$16 - 6 = \boxed{}$$

$$17 - 7 = \boxed{}$$

$$18 - 8 = \boxed{}$$

빼서 10이 되는 것에 ○표 하세요.

12 - 1

12 - 2

12 - 2 = 10

13 - 3

13 - 2

15 - 5

15 - 3

17 - 5

17 - 7

16 - 6

16 - 4

19 - 8

19 - 9

11 - 2

11 - 1

14 - 4

14 - 3

18 - 9

18 - 8

차가 10인 빼기 (2)

 □ 안에 알맞은 수를 써넣으세요.

11 − ☐ = 10

12 − ☐ = 10

13 − ☐ = 10

14 − ☐ = 10

15 − ☐ = 10

16 − ☐ = 10

17 − ☐ = 10

18 − ☐ = 10

□ 안에 알맞은 수를 써넣으세요.

13 − ⬜ = 10   17 − ⬜ = 10

16 − ⬜ = 10   15 − ⬜ = 10

11 − ⬜ = 10   14 − ⬜ = 10

19 − ⬜ = 10   12 − ⬜ = 10

18 − ⬜ = 10   16 − ⬜ = 10

17 − ⬜ = 10   13 − ⬜ = 10

빈칸 채우기

 □ 안에 들어갈 수가 같은 것끼리 선으로 이어 보세요.

10 − 4 = [ ] •

10 − 7 = [ ] •

10 − 5 = [ ] •

10 − 2 = [ ] •

10 − 9 = [ ] •

10 − 8 = [ ] •

• 16 − [ ] = 10

• 11 − [ ] = 10

• 12 − [ ] = 10

• 13 − [ ] = 10

• 18 − [ ] = 10

• 15 − [ ] = 10

빈칸에 알맞은 수를 써넣으세요.

12 − 2 = 10
− 3
=
7

14 − ☐ = 10
− 6
=
☐

15 − ☐ = 10
− 1
=
☐

13
−
☐
=
10 − 8 = ☐

17
−
☐
=
10 − 4 = ☐

19
−
☐
=
10 − 5 = ☐

소마셈 P8 - 2주차

세 수 빼기

10을 이용한 세 수 빼기

 빼는 두 수 중에서 앞의 수만큼 먼저 빼서 10을 만들어 세 수 빼기를 해 보세요.

12 − 2 − 4 = ☐

11 − 1 − 3 = ☐

13 − 3 − 5 = ☐

14 − 4 − 2 = ☐

15 − 5 − 6 = ☐

12 − 2 − 7 = ☐

빼는 두 수 중에서 앞의 수만큼 먼저 빼서 10을 만들어 세 수 빼기를 해 보 세요.

11 − 1 − 5 = ☐
<u>⌣</u>
10

13 − 3 − 4 = ☐

12 − 2 − 5 = ☐

15 − 5 − 2 = ☐

14 − 4 − 1 = ☐

16 − 6 − 2 = ☐

12 − 2 − 6 = ☐

17 − 7 − 3 = ☐

16 − 6 − 3 = ☐

18 − 8 − 1 = ☐

TIP

연이은 뺄셈에서 10을 만들어 빼는 계산 원리는 받아내림이 있는 두 수의 뺄셈을 이해하는 준비단계입니다.

10 만들어 세 수 빼기 (1)

 빼서 10이 되는 두 수를 먼저 계산하여 세 수 빼기를 해 보세요.

$13 - 3 - 4$

$\boxed{10} - 4 = \boxed{6}$

$14 - 4 - 6$

$\boxed{} - 6 = \boxed{}$

$15 - 2 - 5$

$\boxed{} - 2 = \boxed{}$

$16 - 3 - 6$

$\boxed{} - 3 = \boxed{}$

빼서 10이 되는 두 수를 먼저 계산하여 세 수 빼기를 해 보세요.

11 − 1 − 3

$\boxed{}$ − 3 = $\boxed{}$

13 − 3 − 6

$\boxed{}$ − 6 = $\boxed{}$

17 − 7 − 4

$\boxed{}$ − 4 = $\boxed{}$

15 − 5 − 2

$\boxed{}$ − 2 = $\boxed{}$

19 − 8 − 9

$\boxed{}$ − 8 = $\boxed{}$

18 − 1 − 8

$\boxed{}$ − 1 = $\boxed{}$

14 − 5 − 4

$\boxed{}$ − 5 = $\boxed{}$

16 − 7 − 6

$\boxed{}$ − 7 = $\boxed{}$

10 만들어 세 수 빼기 (2)

 빼서 10이 되는 두 수를 먼저 계산하여 세 수 빼기를 해 보세요.

12 - 2 - 4

☐ - 4 = ☐

14 - 4 - 3

☐ - 3 = ☐

18 - 8 - 5

☐ - 5 = ☐

19 - 9 - 7

☐ - 7 = ☐

16 - 5 - 6

☐ - 5 = ☐

13 - 7 - 3

☐ - 7 = ☐

17 - 5 - 7

☐ - 5 = ☐

19 - 2 - 9

☐ - 2 = ☐

월
일

 빼서 10이 되는 두 수를 먼저 계산하여 □ 안에 알맞은 수를 써넣으세요.

12 – 2 – 3 = ☐
⎣__10__⎦

13 – 7 – 3 = ☐
⎣_____10_____⎦

16 – 6 – 5 = ☐

18 – 8 – 2 = ☐

11 – 4 – 1 = ☐

15 – 9 – 5 = ☐

14 – 4 – 5 = ☐

16 – 1 – 6 = ☐

17 – 7 – 8 = ☐

12 – 2 – 3 = ☐

16 – 7 – 6 = ☐

14 – 4 – 4 = ☐

10 만들어 세 수 빼기 (3)

 올바른 계산 결과를 찾아 선으로 이어 보세요.

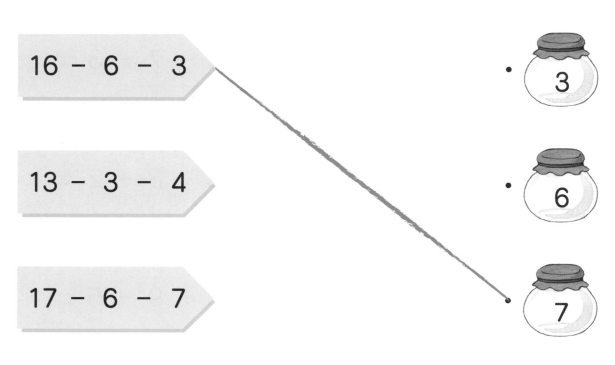

16 − 6 − 3

13 − 3 − 4

17 − 6 − 7

12 − 2 − 7

18 − 1 − 8

19 − 5 − 9

3

6

7

9

4

5

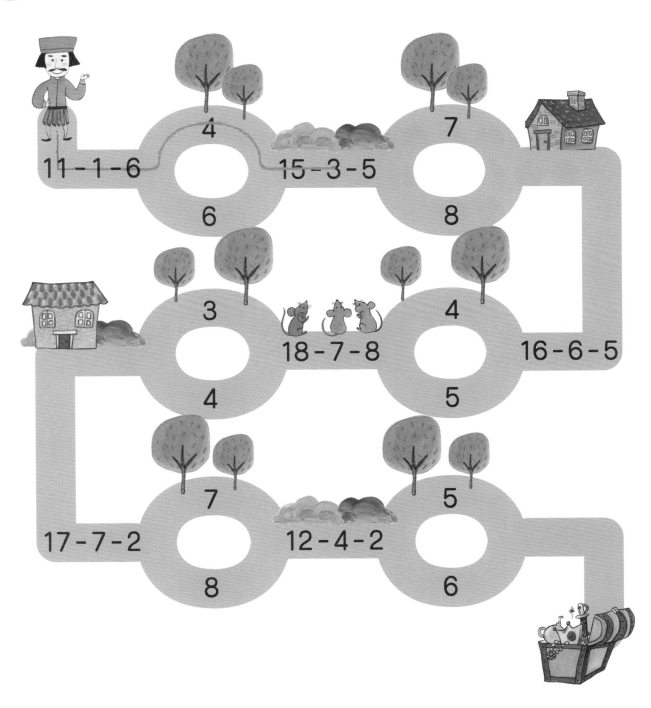

계산 결과가 올바른 길을 찾아 길을 그려 보세요.

11 - 1 - 6

4

6

15 - 3 - 5

7

8

3

4

18 - 7 - 8

4

5

16 - 6 - 5

17 - 7 - 2

7

8

12 - 4 - 2

5

6

문장제

 다음을 읽고, 물음에 답하세요.

바구니에 밤이 14개 있습니다. 형이 4개, 동생이 3개를 먹으면 남은 밤은
몇 개일까요?

 개

풍선이 12개 있습니다. 바람이 불어 5개는 날아가 버리고, 2개는 터져버
렸습니다. 남은 풍선은 몇 개일까요?

 개

다음을 읽고, 물음에 답하세요.

버스에 사람이 11명 타고 있습니다. 첫 번째 정류장에서 1명이 내리고, 두 번째 정류장에서 2명이 내렸습니다. 버스에 남아있는 사람은 몇 명일까요?

명

접시에 귤이 15개 있습니다. 엄마가 2개를 먹고, 아빠가 5개를 먹었습니다. 접시에 남은 귤은 몇 개일까요?

개

다음을 읽고, 물음에 답하세요.

동주는 구슬을 13개 가지고 있습니다. 동생에게 4개를 주고, 형에게 3개를 주었습니다. 동주에게 남은 구슬은 몇 개일까요?

 개

선아는 12쪽짜리 동화책이 있습니다. 오전에 2쪽을 읽고, 오후에 4쪽을 읽었습니다. 동화책을 다 읽으려면 몇 쪽을 더 읽으면 될까요?

 쪽

엄마가 쿠키를 14개 주셨습니다. 형이 4개, 동생이 1개를 먹으면 남은 쿠키는 몇 개일까요?

 개

소마셈 P8 - 3주차

10을 이용한 빼기 (1)

10 만들어 빼기

 빼는 수만큼 / 로 지우고, 빼기를 해 보세요.

$$12 - 2 - 4 = \boxed{} \quad \longleftrightarrow \quad 12 - 6 = \boxed{}$$
$$\overset{\wedge}{\underset{-2 \quad -4}{}}$$

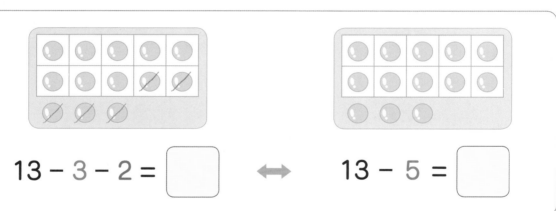

$$13 - 3 - 2 = \boxed{} \quad \longleftrightarrow \quad 13 - 5 = \boxed{}$$

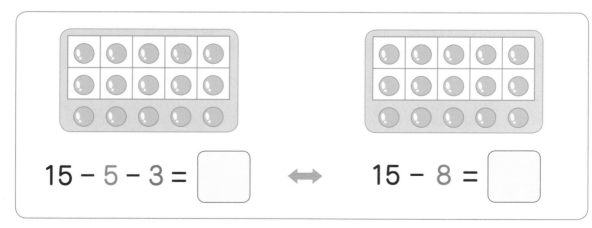

$$15 - 5 - 3 = \boxed{} \quad \longleftrightarrow \quad 15 - 8 = \boxed{}$$

□ 안에 알맞은 수를 써넣으세요.

11 – 1 – 4 = ☐ ⬌ 11 – 5 = ☐
                    ╱╲
                  −1 −4

12 – 2 – 2 = ☐ ⬌ 12 – 4 = ☐

13 – 3 – 5 = ☐ ⬌ 13 – 8 = ☐

11 – 1 – 2 = ☐ ⬌ 11 – 3 = ☐

14 – 4 – 2 = ☐ ⬌ 14 – 6 = ☐

15 – 5 – 4 = ☐ ⬌ 15 – 9 = ☐

뒤의 수를 갈라 10 만들기

🌱 앞의 수에서 빼어 10이 되도록 뒤의 수를 갈라 보세요.

12 − 2 = 10

14 − 4 = 10

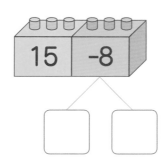

🌱 앞의 수에서 빼어 10이 되도록 뒤의 수를 갈라 보세요.

11 − 5

11 − 1 = 10

12 − 6

12 − 4

14 − 5

16 − 8

13 − 5

14 − 7

18 − 9

13 − 6

뒤의 수를 갈라 빼기 (1)

 뒤의 수를 갈라 10을 만들어 빼기를 해 보세요.

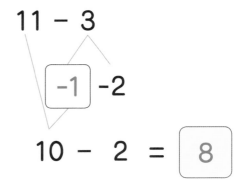

11 - 3

-1   -2

10 - 2 = 8

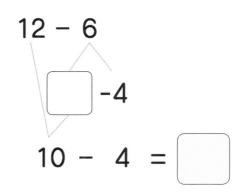

12 - 6

☐   -4

10 - 4 = ☐

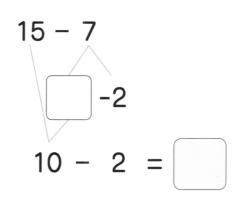

15 - 7

☐   -2

10 - 2 = ☐

🌱 □ 안에 알맞은 수를 써넣으세요.

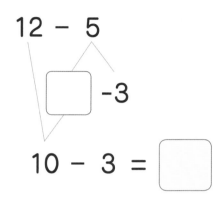

12 − 5

□ -3

10 − 3 = □

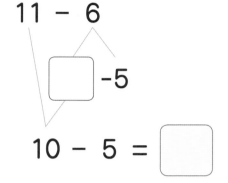

11 − 6

□ -5

10 − 5 = □

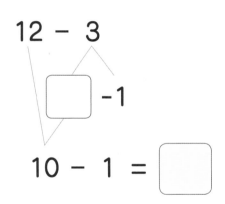

12 − 3

□ -1

10 − 1 = □

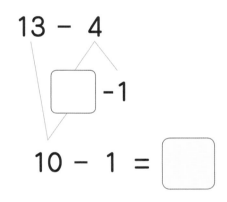

13 − 4

□ -1

10 − 1 = □

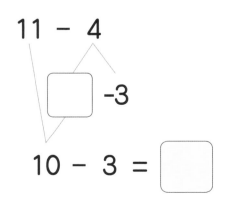

11 − 4

□ -3

10 − 3 = □

13 − 5

□ -2

10 − 2 = □

뒤의 수를 갈라 10을 만들어 빼기를 해 보세요.

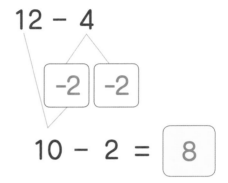

12 - 4

-2 -2

10 - 2 = 8

13 - 5

10 - 2 =

15 - 6

10 - 1 =

□ 안에 알맞은 수를 써넣으세요.

11 – 5

10 – 4 =

13 – 6

10 – 3 =

12 – 7

10 – 5 =

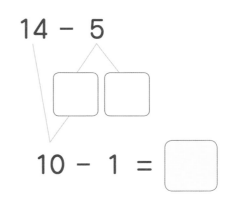

14 – 5

10 – 1 =

14 – 6

10 – 2 =

16 – 7

10 – 1 =

뒤의 수를 갈라 빼기 (2)

 뒤의 수를 갈라 10을 만들어 빼기를 해 보세요.

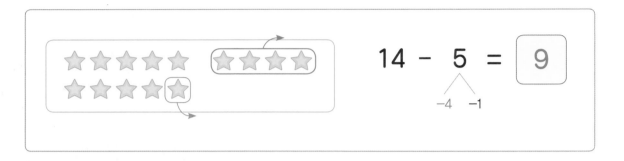

$$14 - 5 = \boxed{9}$$

$$11 - 8 = \boxed{}$$
$-1 \quad -7$

$$12 - 4 = \boxed{}$$

$$13 - 7 = \boxed{}$$

$$11 - 6 = \boxed{}$$

$$14 - 6 = \boxed{}$$

$$15 - 8 = \boxed{}$$

$$17 - 8 = \boxed{}$$

$$16 - 9 = \boxed{}$$

🌱 뒤의 수를 갈라 10을 만들어 **빼기**를 해 보세요.

$11 - 4 = \boxed{}$
　　　$\overset{\wedge}{\underset{-1 \quad -3}{}}$

$14 - 6 = \boxed{}$
　　　$\overset{\wedge}{\underset{-4 \quad -2}{}}$

$15 - 6 = \boxed{}$

$13 - 7 = \boxed{}$

$12 - 8 = \boxed{}$

$14 - 5 = \boxed{}$

$15 - 9 = \boxed{}$

$11 - 6 = \boxed{}$

$12 - 3 = \boxed{}$

$16 - 8 = \boxed{}$

$17 - 8 = \boxed{}$

$13 - 6 = \boxed{}$

10을 이용한 빼기

 빈칸에 알맞은 수를 써넣으세요.

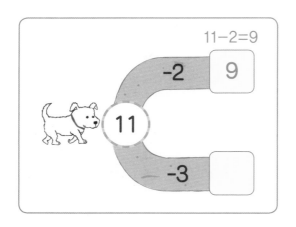

11−2=9

-2 → 9

11

-3 →

-6 →

14

-7 →

-8 →

16

-9 →

-5 →

12

-6 →

-5 →

13

-6 →

-6 →

15

-7 →

올바른 계산 결과를 찾아 선으로 이어 보세요.

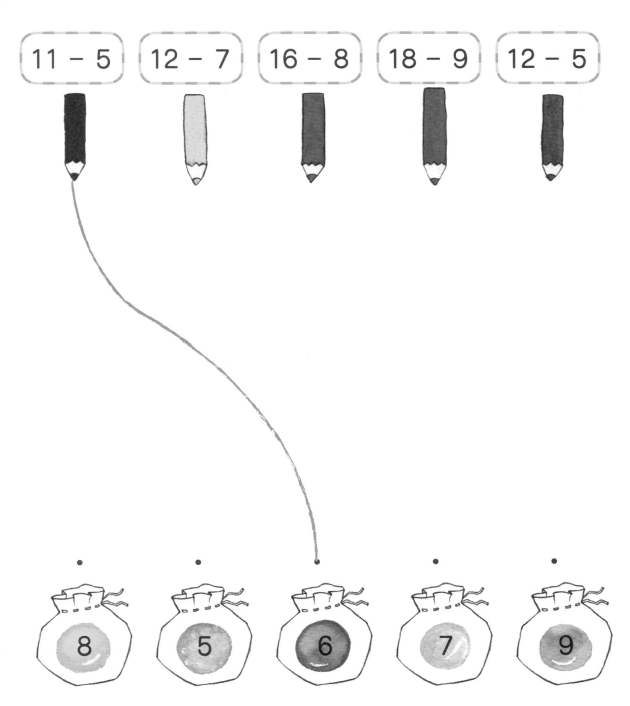

| 11 – 5 | 12 – 7 | 16 – 8 | 18 – 9 | 12 – 5 |

8 5 6 7 9

🌱 계산 결과가 올바른 길을 찾아 길을 그려 보세요.

소마셈 P8 - 4주차

10을 이용한 빼기 (2)

더하기와 빼기의 관계

 덧셈식을 뺄셈식으로 바꾸어 나타내세요.

$5 + 6 = \boxed{11}$

$11 - 5 = \boxed{6}$

$11 - 6 = \boxed{5}$

$3 + 7 = \boxed{}$

$10 - \boxed{} = \boxed{}$

$10 - \boxed{} = \boxed{}$

$4 + 8 = \boxed{}$

$12 - \boxed{} = \boxed{}$

$12 - \boxed{} = \boxed{}$

월
일

덧셈식을 뺄셈식으로 바꾸어 나타내세요.

4 + 9 = 13

13 - 4 = 9
13 - 9 = 4

5 + 7 = ☐

12 - ☐ = ☐
12 - ☐ = ☐

6 + 8 = ☐

14 - ☐ = ☐
14 - ☐ = ☐

5 + 6 = ☐

11 - ☐ = ☐
11 - ☐ = ☐

4 + 8 = ☐

12 - ☐ = ☐
12 - ☐ = ☐

7 + 9 = ☐

16 - ☐ = ☐
16 - ☐ = ☐

빈칸 채우기

 도미노의 빈 곳에 들어갈 ○를 그리고, □ 안에 알맞은 수를 써넣으세요.

$8 +$ 3 $= 11$ ↔ ↔ $11 - 8 =$ 3

$11 -$ 3 $= 8$

$7 +$ □ $= 13$ ↔ ↔ $13 - 7 =$ □

$13 -$ □ $= 7$

$9 +$ □ $= 12$ ↔ ↔ $12 - 9 =$ □

$12 -$ □ $= 9$

$5 +$ □ $= 13$ ↔ ↔ $13 - 5 =$ □

$13 -$ □ $= 5$

□ 안에 알맞은 수를 써넣으세요.

$7 + \boxed{4} = 11$
$$11 - 7 = \boxed{4}$$
$$11 - \boxed{4} = 7$$

$9 + \boxed{} = 14$
$$14 - 9 = \boxed{}$$
$$14 - \boxed{} = 9$$

$8 + \boxed{} = 14$
$$14 - 8 = \boxed{}$$
$$14 - \boxed{} = 8$$

$8 + \boxed{} = 13$
$$13 - 8 = \boxed{}$$
$$13 - \boxed{} = 8$$

더하기 빼기 퍼즐

 사다리를 타고 내려와 □ 안에 알맞은 수를 써넣으세요.

5 + 6 = 11

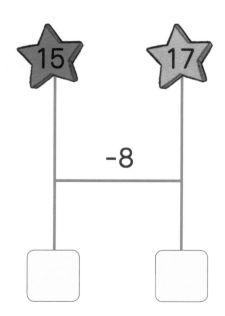

빈칸에 알맞은 수를 써넣으세요.

$$13 - 6 = 7$$

$$6 + 9 = \square$$

$$\square - 8 = \square$$

$$4 + 9 = \square$$

$$\square + \square$$

$$8 + 4 = \square$$

$$\square - 7 = \square$$

$$6 + \square = \square$$

빼기 퍼즐

 올바른 계산 결과를 찾아 ○표 하세요.

🌱 올바른 계산 결과를 찾아 선을 그어 보세요.

14 − 5 ·
· 9
· 10
· 11

13 − 8 ·
· 4
· 5
· 6

15 − 7 ·
· 6
· 7
· 8

16 − 9 ·
· 5
· 6
· 7

11 − 8 ·
· 3
· 4
· 5

12 − 7 ·
· 4
· 5
· 6

🌱 그림을 보고 빼기를 해 보세요.

5	6	7	13	14	15

13   -   5   =   8

계산 결과에 해당하는 글자를 찾아 써 넣고, 답을 알아보세요.

13 - 4 = 9 ----- 십   15 - 9 = ☐ ----- 기

15 - 7 = ☐ ----- 은   13 - 8 = ☐ ----- 삼

12 - 8 = ☐ ----- 빼   14 - 7 = ☐ ----- 육

9	5	4	6	7	8	
십						?

답 : ☐

문장제

 다음을 읽고, 남은 화살은 몇 개인지 구해 보세요.

소마 마을 촌장은 용감한 사람을 뽑아 마을 사람들을 구하기로 결정했습니다. 이때, 한 신궁이 나타나 "내가 마을 사람들을 구해 오겠습니다." 라며 화살 17개를 가지고 어둠산으로 향했습니다.

어둠산을 헤매던 신궁은 드디어 괴물들이 사는 곳을 발견하고는 몰래 그곳으로 들어갔습니다. 괴물들은 사람들을 잡아와서 기쁜 마음에 축제를 열고 있었습니다. 신궁은 괴물들이 방심한 틈을 이용해 화살 9개로 괴물들을 물리쳤습니다.

신궁에게 남은 화살은 몇 개일까요?

개

다음을 읽고, 물음에 답하세요.

빵 14개가 있는데 민수가 빵 5개를 먹었습니다. 남은 빵은 몇 개일까요?

개

주머니에 구슬이 13개 있습니다. 그 중 7개를 친구에게 주었습니다. 남은 구슬은 몇 개일까요?

개

다음을 읽고, 물음에 답하세요.

놀이터에 어린이 12명이 있습니다. 그런데 6명이 집으로 갔습니다. 놀이터에 남은 어린이는 몇 명일까요?

 명

초콜릿 15개가 있는데 지영이가 9개를 먹었습니다. 남은 초콜릿은 몇 개일까요?

 개

나뭇가지에 참새 14마리가 앉아 있는데 5마리가 날아갔습니다. 나뭇가지에 남아 있는 참새는 몇 마리일까요?

 마리

Drill

차가 10인 빼기

□ 안에 알맞은 수를 써넣으세요.

10 - 2 = ☐   10 - ☐ = 9

10 - ☐ = 6   10 - ☐ = 5

10 - 9 = ☐   10 - 3 = ☐

10 - 6 = ☐   10 - 8 = ☐

10 - ☐ = 8   10 - ☐ = 3

10 - 5 = ☐   10 - 2 = ☐

10 - 7 = ☐   10 - ☐ = 4

□ 안에 알맞은 수를 써넣으세요.

11 − ☐ = 10

13 − ☐ = 10

14 − ☐ = 10

19 − ☐ = 10

16 − ☐ = 10

15 − ☐ = 10

17 − ☐ = 10

14 − ☐ = 10

16 − ☐ = 10

17 − ☐ = 10

15 − ☐ = 10

12 − ☐ = 10

18 − ☐ = 10

13 − ☐ = 10

세 수 빼기

빼서 10이 되는 두 수를 먼저 계산하여 □ 안에 알맞은 수를 써넣으세요.

11 − 1 − 4 = ☐

13 − 3 − 5 = ☐

14 − 4 − 4 = ☐

16 − 3 − 6 = ☐

12 − 2 − 8 = ☐

13 − 7 − 3 = ☐

17 − 9 − 7 = ☐

18 − 8 − 1 = ☐

16 − 6 − 2 = ☐

13 − 5 − 3 = ☐

11 − 1 − 6 = ☐

14 − 4 − 8 = ☐

12 − 3 − 2 = ☐

16 − 6 − 6 = ☐

빼서 10이 되는 두 수를 먼저 계산하여 □ 안에 알맞은 수를 써넣으세요.

12 - 5 - 2 = □   13 - 3 - 3 = □

11 - 7 - 1 = □   15 - 5 - 1 = □

14 - 4 - 6 = □   17 - 7 - 7 = □

16 - 6 - 1 = □   15 - 9 - 5 = □

13 - 2 - 3 = □   14 - 3 - 4 = □

18 - 8 - 8 = □   19 - 9 - 2 = □

15 - 5 - 6 = □   16 - 9 - 6 = □

10을 이용한 빼기 (1)

□ 안에 알맞은 수를 써넣으세요.

11 − 3 = ☐   13 − 5 = ☐

14 − 7 = ☐   12 − 3 = ☐

11 − 8 = ☐   15 − 6 = ☐

16 − 8 = ☐   13 − 7 = ☐

12 − 9 = ☐   16 − 7 = ☐

14 − 6 = ☐   15 − 7 = ☐

12 − 5 = ☐   18 − 9 = ☐

□ 안에 알맞은 수를 써넣으세요.

13 − 6 = ☐   11 − 4 = ☐

12 − 6 = ☐   13 − 8 = ☐

15 − 6 = ☐   17 − 9 = ☐

14 − 8 = ☐   11 − 5 = ☐

12 − 4 = ☐   14 − 7 = ☐

16 − 9 = ☐   12 − 7 = ☐

13 − 5 = ☐   13 − 7 = ☐

drill

10을 이용한 빼기 (2)

□ 안에 알맞은 수를 써넣으세요.

12 − 7 = ☐

11 − 4 = ☐

13 − 5 = ☐

12 − 3 = ☐

14 − 5 = ☐

13 − 6 = ☐

11 − 5 = ☐

14 − 7 = ☐

15 − 7 = ☐

13 − 4 = ☐

12 − 6 = ☐

14 − 6 = ☐

11 − 9 = ☐

16 − 8 = ☐

□ 안에 알맞은 수를 써넣으세요.

13 − 5 = ☐

14 − 8 = ☐

15 − 6 = ☐

12 − 7 = ☐

12 − 4 = ☐

11 − 7 = ☐

16 − 8 = ☐

12 − 5 = ☐

12 − 6 = ☐

15 − 7 = ☐

14 − 9 = ☐

13 − 6 = ☐

13 − 5 = ☐

17 − 9 = ☐

정답

1 일차 10에서 빼기 (1)

🌱 그림을 보고 □ 안에 알맞은 수를 써넣으세요.

(그림)	10 - 1 = 9
(그림)	10 - 2 = 8
(그림)	10 - 3 = 7
(그림)	10 - 4 = 6
(그림)	10 - 5 = 5
(그림)	10 - 6 = 4
(그림)	10 - 7 = 3
(그림)	10 - 8 = 2
(그림)	10 - 9 = 1

🌱 □ 안에 알맞은 수를 써넣으세요.

10 - 3 = 7   10 - 5 = 5

10 - 1 = 9   10 - 2 = 8

10 - 8 = 2   10 - 6 = 4

10 - 9 = 1   10 - 4 = 6

10 - 7 = 3   10 - 5 = 5

10 - 2 = 8   10 - 6 = 4

8 소마셈 - P8

2 일차 10에서 빼기 (2)

🌱 다음 식에 알맞게 수 구슬을 지우고, □ 안에 알맞은 수를 써넣으세요.

10 - 3 = 7

(수 구슬)

10 - 5 = 5

(수 구슬)

10 - 2 = 8

10 - 6 = 4

🌱 □ 안에 알맞은 수를 써넣으세요.

10 - 1 = 9   10 - 5 = 5

10 - 3 = 7   10 - 6 = 4

10 - 5 = 5   10 - 2 = 8

10 - 4 = 6   10 - 7 = 3

10 - 9 = 1   10 - 8 = 2

TIP

10에서 빼기는 10에 대한 보수 개념을 이용한 받아내림이 있는 뺄셈을 익히는데 기초가 됩니다.

10 소마셈 - P8

3일차 차가 10인 빼기 (1)

🌱 그림을 보고 □ 안에 알맞은 수를 써넣으세요.

11 - 1 = 10

12 - 2 = 10

13 - 3 = 10

14 - 4 = 10

15 - 5 = 10

16 - 6 = 10

17 - 7 = 10

18 - 8 = 10

🌱 빼서 10이 되는 것에 ○표 하세요.

12 - 1
12 - 2
12 - 2 = 10

3 - 3
13 - 2

15 - 5
15 - 3

17 - 5
17 - 7

16 - 6
16 - 4

19 - 8
19 - 9

11 - 2
11 - 1

14 - 4
14 - 3

18 - 9
18 - 8

12 소마셈 - P8

1주 - 차가 10인 빼기 13

4일차 차가 10인 빼기 (2)

🌱 □ 안에 알맞은 수를 써넣으세요.

11 - 1 = 10

12 - 2 = 10

13 - 3 = 10

14 - 4 = 10

15 - 5 = 10

16 - 6 = 10

17 - 7 = 10

18 - 8 = 10

🌱 □ 안에 알맞은 수를 써넣으세요.

13 - 3 = 10

17 - 7 = 10

16 - 6 = 10

15 - 5 = 10

11 - 1 = 10

14 - 4 = 10

19 - 9 = 10

12 - 2 = 10

18 - 8 = 10

16 - 6 = 10

17 - 7 = 10

13 - 3 = 10

14 소마셈 - P8

1주 - 차가 10인 빼기 15

P 16 ~ 17

5 일차 빈칸 채우기

🐜 □ 안에 들어갈 수가 같은 것끼리 선으로 이어 보세요.

10 - 4 = **6**   16 - **6** = 10

10 - 7 = **3**   11 - **1** = 10

10 - 5 = **5**   12 - **2** = 10

10 - 2 = **8**   13 - **3** = 10

10 - 9 = **1**   18 - **8** = 10

10 - 8 = **2**   15 - **5** = 10

🐜 빈칸에 알맞은 수를 써넣으세요.

12 - **2** = 10
－
3
＝
7

14 - **4** = 10
－
6
＝
4

15 - **5** = 10
－
1
＝
9

13
－
3
＝
10 - 8 = **2**

17
－
7
＝
10 - 4 = **6**

19
－
9
＝
10 - 5 = **5**

16 소마셈 - P8

1주 - 차가 10인 빼기 17

P 20 ~ 21

1 일차 10을 이용한 세 수 빼기

🐜 빼는 두 수 중에서 앞의 수만큼 먼저 빼서 10을 만들어 세 수 빼기를 해 보세요.

12 - 2 - 4 = **6**   11 - 1 - 3 = **7**

13 - 3 - 5 = **5**   14 - 4 - 2 = **8**

15 - 5 - 6 = **4**   12 - 2 - 7 = **3**

🐜 빼는 두 수 중에서 앞의 수만큼 먼저 빼서 10을 만들어 세 수 빼기를 해 보세요.

11 - 1 - 5 = **5**   13 - 3 - 4 = **6**
  ﹂10﹃

12 - 2 - 5 = **5**   15 - 5 - 2 = **8**

14 - 4 - 1 = **9**   16 - 6 - 2 = **8**

12 - 2 - 6 = **4**   17 - 7 - 3 = **7**

16 - 6 - 3 = **7**   18 - 8 - 1 = **9**

TIP
연이은 뺄셈에서 10을 만들어 빼는 계산 원리는 받아내림이 있는 두 수의 뺄셈을 이해하는 준비단계입니다.

20 소마셈 - P8

2주 - 세 수 빼기 21

---

2 일 차

1O 만들어 세 수 빼기 (1)

🌱 빼서 10이 되는 두 수를 먼저 계산하여 세 수 빼기를 해 보세요.

13 - 3 - 4

$10 - 4 = 6$

14 - 4 - 6

$10 - 6 = 4$

15 - 2 - 5

$10 - 2 = 8$

16 - 3 - 6

$10 - 3 = 7$

🌱 빼서 10이 되는 두 수를 먼저 계산하여 세 수 빼기를 해 보세요.

11 - 1 - 3

$10 - 3 = 7$

13 - 3 - 6

$10 - 6 = 4$

17 - 7 - 4

$10 - 4 = 6$

15 - 5 - 2

$10 - 2 = 8$

19 - 8 - 9

$10 - 8 = 2$

18 - 1 - 8

$10 - 1 = 9$

14 - 5 - 4

$10 - 5 = 5$

16 - 7 - 6

$10 - 7 = 3$

---

3 일 차

1O 만들어 세 수 빼기 (2)

🌱 빼서 10이 되는 두 수를 먼저 계산하여 세 수 빼기를 해 보세요.

12 - 2 - 4

$10 - 4 = 6$

14 - 4 - 3

$10 - 3 = 7$

18 - 8 - 5

$10 - 5 = 5$

19 - 9 - 7

$10 - 7 = 3$

16 - 5 - 6

$10 - 5 = 5$

13 - 7 - 3

$10 - 7 = 3$

17 - 5 - 7

$10 - 5 = 5$

19 - 2 - 9

$10 - 2 = 8$

🌱 빼서 10이 되는 두 수를 먼저 계산하여 □ 안에 알맞은 수를 써넣으세요.

12 - 2 - 3 = 7
10

13 - 7 - 3 = 3
10

16 - 6 - 5 = 5

18 - 8 - 2 = 8

11 - 4 - 1 = 6

15 - 9 - 5 = 1

14 - 4 - 5 = 5

16 - 1 - 6 = 9

17 - 7 - 8 = 2

12 - 2 - 3 = 7

16 - 7 - 6 = 3

14 - 4 - 4 = 6

4일차 10 만들어 세 수 빼기 (3)

올바른 계산 결과를 찾아 선으로 이어 보세요.

16 - 6 - 3

13 - 3 - 4

17 - 6 - 7

12 - 2 - 7

18 - 1 - 8

19 - 5 - 9

3

6

7

9

4

5

계산 결과가 올바른 길을 찾아 길을 그려 보세요.

11-1-6   15-3-5

18-7-8   16-6-5

17-7-2   12-4-2

5일차 문장제

다음을 읽고, 물음에 답하세요.

바구니에 밤이 14개 있습니다. 형이 4개, 동생이 3개를 먹으면 남은 밤은 몇 개일까요?

7 개

풍선이 12개 있습니다. 바람이 불어 5개는 날아가 버리고, 2개는 터져버렸습니다. 남은 풍선은 몇 개일까요?

5 개

다음을 읽고, 물음에 답하세요.

버스에 사람이 11명 타고 있습니다. 첫 번째 정류장에서 1명이 내리고, 두 번째 정류장에서 2명이 내렸습니다. 버스에 남아있는 사람은 몇 명일까요?

8 명

접시에 귤이 15개 있습니다. 엄마가 2개를 먹고, 아빠가 5개를 먹었습니다. 접시에 남은 귤은 몇 개일까요?

8 개

🌿 다음을 읽고, 물음에 답하세요.

동주는 구슬을 13개 가지고 있습니다. 동생에게 4개를 주고, 형에게 3개를 주었습니다. 동주에게 남은 구슬은 몇 개일까요?

$$13 - 4 - 3 = 6 \quad \boxed{6} \text{ 개}$$

선아는 12쪽짜리 동화책이 있습니다. 오전에 2쪽을 읽고, 오후에 4쪽을 읽었습니다. 동화책을 다 읽으려면 몇 쪽을 더 읽으면 될까요?

$$12 - 2 - 4 = 6 \quad \boxed{6} \text{ 쪽}$$

엄마가 쿠키를 14개 주셨습니다. 형이 4개, 동생이 1개를 먹으면 남은 쿠키는 몇 개일까요?

$$14 - 4 - 1 = 9 \quad \boxed{9} \text{ 개}$$

1일차 10 만들어 빼기

🌿 빼는 수만큼 /로 지우고, 빼기를 해 보세요.

$$12 - 2 - 4 = \boxed{6} \quad \longleftrightarrow \quad 12 - 6 = \boxed{6}$$

$$13 - 3 - 2 = \boxed{8} \quad \longleftrightarrow \quad 13 - 5 = \boxed{8}$$

$$15 - 5 - 3 = \boxed{7} \quad \longleftrightarrow \quad 15 - 8 = \boxed{7}$$

🌿 □ 안에 알맞은 수를 써넣으세요.

$$11 - 1 - 4 = \boxed{6} \quad \longleftrightarrow \quad 11 - 5 = \boxed{6}$$

$$12 - 2 - 2 = \boxed{8} \quad \longleftrightarrow \quad 12 - 4 = \boxed{8}$$

$$13 - 3 - 5 = \boxed{5} \quad \longleftrightarrow \quad 13 - 8 = \boxed{5}$$

$$11 - 1 - 2 = \boxed{8} \quad \longleftrightarrow \quad 11 - 3 = \boxed{8}$$

$$14 - 4 - 2 = \boxed{8} \quad \longleftrightarrow \quad 14 - 6 = \boxed{8}$$

$$15 - 5 - 4 = \boxed{6} \quad \longleftrightarrow \quad 15 - 9 = \boxed{6}$$

2 일차 뒤의 수를 갈라 10 만들기

앞의 수에서 **빼어** 10이 되도록 뒤의 수를 갈라 보세요.

12 - 5
12 - 2 = 10
-2   -3

14 - 5
14 - 4 = 10
-4   -1

13 - 6
-3   -3

11 - 7
-1   -6

17 - 8
-7   -1

15 - 8
-5   -3

3주 일 일

앞의 수에서 **빼어** 10이 되도록 뒤의 수를 갈라 보세요.

11 - 5
11 - 1 = 10
-1   -4

12 - 6
-2   -4

12 - 4
-2   -2

14 - 5
-4   -1

16 - 8
-6   -2

13 - 5
-3   -2

14 - 7
-4   -3

18 - 9
-8   -1

13 - 6
-3   -3

3 일차 뒤의 수를 갈라 빼기 (1)

뒤의 수를 갈라 10을 만들어 **빼기**를 해 보세요.

11 - 3
-1 -2
10 - 2 = 8

12 - 6
-2 -4
10 - 4 = 6

15 - 7
-5 -2
10 - 2 = 8

3주 일 일

□ 안에 알맞은 수를 써넣으세요.

12 - 5
-2 -3
10 - 3 = 7

12 - 3
-2 -1
10 - 1 = 9

11 - 4
-1 -3
10 - 3 = 7

11 - 6
-1 -5
10 - 5 = 5

13 - 4
-3 -1
10 - 1 = 9

13 - 5
-3 -2
10 - 2 = 8

🌱 뒤의 수를 갈라 10을 만들어 **빼기**를 해 보세요.

12 - 4
-2 -2
10 - 2 = 8

13 - 5
-3 -2
10 - 2 = 8

15 - 6
-5 -1
10 - 1 = 9

🌱 □ 안에 알맞은 수를 써넣으세요.

11 - 5
-1 -4
10 - 4 = 6

12 - 7
-2 -5
10 - 5 = 5

14 - 6
-4 -2
10 - 2 = 8

13 - 6
-3 -3
10 - 3 = 7

14 - 5
-4 -1
10 - 1 = 9

16 - 7
-6 -1
10 - 1 = 9

뒤의 수를 갈라 빼기 (2)

🌱 뒤의 수를 갈라 10을 만들어 **빼기**를 해 보세요.

 14 - 5 = 9
-4 -1

11 - 8 = 3
-1 -7

12 - 4 = 8

13 - 7 = 6

11 - 6 = 5

14 - 6 = 8

15 - 8 = 7

17 - 8 = 9

16 - 9 = 7

🌱 뒤의 수를 갈라 10을 만들어 **빼기**를 해 보세요.

11 - 4 = 7
-1 -3

14 - 6 = 8
-4 -2

15 - 6 = 9

13 - 7 = 6

12 - 8 = 4

14 - 5 = 9

15 - 9 = 6

11 - 6 = 5

12 - 3 = 9

16 - 8 = 8

17 - 8 = 9

13 - 6 = 7

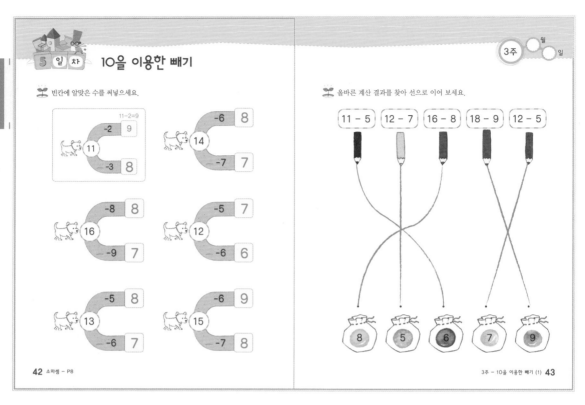

5일차 10을 이용한 빼기

🐛 빈칸에 알맞은 수를 써넣으세요.

11−2=9
-2 → 9
11
-3 → 8

14
-6 → 8
-7 → 7

16
-8 → 8
-9 → 7

12
-5 → 7
-6 → 6

13
-5 → 8
-6 → 7

15
-6 → 9
-7 → 8

3주

🐛 올바른 계산 결과를 찾아 선으로 이어 보세요.

| 11 − 5 | 12 − 7 | 16 − 8 | 18 − 9 | 12 − 5 |

8   5   6   7   9

3주

🐛 계산 결과가 올바른 길을 찾아 길을 그려 보세요.

7
8
11−4
8
15−6
9

4
5
12−8
6
7
13−6

8
9
17−9
6
7
14−7

1일차 더하기와 빼기의 관계

🌱 덧셈식을 뺄셈식으로 바꾸어 나타내세요.

$5 + 6 = \boxed{11}$

$11 - 5 = \boxed{6}$
$11 - 6 = \boxed{5}$

$3 + 7 = \boxed{10}$

$10 - \boxed{3} = \boxed{7}$
$10 - \boxed{7} = \boxed{3}$

$4 + 8 = \boxed{12}$

$12 - \boxed{4} = \boxed{8}$
$12 - \boxed{8} = \boxed{4}$

🌱 덧셈식을 뺄셈식으로 바꾸어 나타내세요.

$4 + 9 = \boxed{13}$

$13 - \boxed{4} = \boxed{9}$
$13 - \boxed{9} = \boxed{4}$

$5 + 7 = \boxed{12}$

$12 - \boxed{5} = \boxed{7}$
$12 - \boxed{7} = \boxed{5}$

$6 + 8 = \boxed{14}$

$14 - \boxed{6} = \boxed{8}$
$14 - \boxed{8} = \boxed{6}$

$5 + 6 = \boxed{11}$

$11 - \boxed{5} = \boxed{6}$
$11 - \boxed{6} = \boxed{5}$

$4 + 8 = \boxed{12}$

$12 - \boxed{4} = \boxed{8}$
$12 - \boxed{8} = \boxed{4}$

$7 + 9 = \boxed{16}$

$16 - \boxed{7} = \boxed{9}$
$16 - \boxed{9} = \boxed{7}$

2일차 빈칸 채우기

🌱 도미노의 빈 곳에 들어갈 ○를 그리고, □ 안에 알맞은 수를 써넣으세요.

$8 + \boxed{3} = 11$ ↔ ↔

$11 - 8 = \boxed{3}$
$11 - \boxed{3} = 8$

$7 + \boxed{6} = 13$ ↔ ↔

$13 - 7 = \boxed{6}$
$13 - \boxed{6} = 7$

$9 + \boxed{3} = 12$ ↔ ↔

$12 - 9 = \boxed{3}$
$12 - \boxed{3} = 9$

$5 + \boxed{8} = 13$ ↔ ↔

$13 - 5 = \boxed{8}$
$13 - \boxed{8} = 5$

🌱 □ 안에 알맞은 수를 써넣으세요.

$7 + \boxed{4} = 11$

$11 - 7 = \boxed{4}$
$11 - \boxed{4} = 7$

$9 + \boxed{5} = 14$

$14 - 9 = \boxed{5}$
$14 - \boxed{5} = 9$

$8 + \boxed{6} = 14$

$14 - 8 = \boxed{6}$
$14 - \boxed{6} = 8$

$8 + \boxed{5} = 13$

$13 - 8 = \boxed{5}$
$13 - \boxed{5} = 8$

정답

3일차 더하기 빼기 퍼즐

🌱 사다리를 타고 내려와 □ 안에 알맞은 수를 써넣으세요.

5 ★   7 ★   8 ★   9 ★
+6   +4
13 11   13 12
5 + 6 = 11

12 ★ 13 ★   15 ★ 17 ★
-6   -8
7   6   9   7

🌱 빈칸에 알맞은 수를 써넣으세요.

13 - 6 = 7
+
9
=
15 - 8 = 7   4 + 9 = 13
+   +
4   11   6
=   +
12 - 7 = 5
=
11

4일차 빼기 퍼즐

🌱 올바른 계산 결과를 찾아 ○표 하세요.

14 - 6
8 9 10

12 - 7
4 5 6

16 - 7
7 8 9

15 - 7
6 7 8

🌱 올바른 계산 결과를 찾아 선을 그어 보세요.

14 - 5
9
10
11

13 - 8
4
5
6

15 - 7
6
7
8

16 - 9
5
6
7

11 - 8
3
4
5

12 - 7
4
5
6

신나는 연산!

그림을 보고 빼기를 해 보세요.

| 5 | 6 | 7 | 13 | 14 | 15 |

- = 8
13 - 5 = 8

- = 9

- = 7

- = 9

- = 7

- = 8

- = 6

- = 8

계산 결과에 해당하는 글자를 찾아 써 넣고, 답을 알아보세요.

13 - 4 = 9 → 십   15 - 9 = 6 → 기

15 - 7 = 8 → 은   13 - 8 = 5 → 삼

12 - 8 = 4 → 빼   14 - 7 = 7 → 육

9	5	4	6	7	8
십	삼	빼	기	육	은	?

답 : 7

5 일 차 문장제

다음을 읽고, 남은 화살은 몇 개인지 구해 보세요.

소마 마을 촌장은 용감한 사람을 뽑아 마을 사람들을 구하기로 결정했습니다. 이때, 한 신궁이 나타나 "내가 마을 사람들을 구해 오겠습니다." 라며 화살 17개를 가지고 어둠산으로 향했습니다.
어둠산을 헤매던 신궁은 드디어 괴물들이 사는 곳을 발견하고는 몰래 그곳으로 들어갔습니다. 괴물들은 사람들을 잡아와서 기쁜 마음에 축제를 열고 있었습니다. 신궁은 괴물들이 방심한 틈을 이용해 화살 9개로 괴물들을 물리쳤습니다.
신궁에게 남은 화살은 몇 개일까요?

8 개

다음을 읽고, 물음에 답하세요.

빵 14개가 있는데 민수가 빵 5개를 먹었습니다. 남은 빵은 몇 개일까요?

9 개

주머니에 구슬이 13개 있습니다. 그 중 7개를 친구에게 주었습니다. 남은 구슬은 몇 개일까요?

6 개

P
58

4주

🌱 다음을 읽고, 물음에 답하세요.

놀이터에 어린이 12명이 있습니다. 그런데 6명이 집으로 갔습니다. 놀이터에 남은 어린이는 몇 명일까요?

$12-6=6$　6　명

초콜릿 15개가 있는데 지영이가 9개를 먹었습니다. 남은 초콜릿은 몇 개일까요?

$15-9=6$　6　개

나뭇가지에 참새 14마리가 앉아 있는데 5마리가 날아갔습니다. 나뭇가지에 남아 있는 참새는 몇 마리일까요?

$14-5=9$　9　마리

58 소마셈 – P8

P
60
≀
61

1주차　차가 10인 빼기

□ 안에 알맞은 수를 써넣으세요.

$10 - 2 = \boxed{8}$

$10 - \boxed{4} = 6$

$10 - 9 = \boxed{1}$

$10 - 6 = \boxed{4}$

$10 - \boxed{2} = 8$

$10 - 5 = \boxed{5}$

$10 - 7 = \boxed{3}$

$10 - \boxed{1} = 9$

$10 - \boxed{5} = 5$

$10 - 3 = \boxed{7}$

$10 - 8 = \boxed{2}$

$10 - \boxed{7} = 3$

$10 - 2 = \boxed{8}$

$10 - \boxed{6} = 4$

□ 안에 알맞은 수를 써넣으세요.

$11 - \boxed{1} = 10$

$13 - \boxed{3} = 10$

$14 - \boxed{4} = 10$

$19 - \boxed{9} = 10$

$16 - \boxed{6} = 10$

$15 - \boxed{5} = 10$

$17 - \boxed{7} = 10$

$14 - \boxed{4} = 10$

$16 - \boxed{6} = 10$

$17 - \boxed{7} = 10$

$15 - \boxed{5} = 10$

$12 - \boxed{2} = 10$

$18 - \boxed{8} = 10$

$13 - \boxed{3} = 10$

60 소마셈 – P8

Drill – 보충학습 61

2주차 drill **세 수 빼기**

빼서 10이 되는 두 수를 먼저 계산하여 □ 안에 알맞은 수를 써넣으세요.

11 - 1 - 4 = 6   13 - 3 - 5 = 5

14 - 4 - 4 = 6   16 - 3 - 6 = 7

12 - 2 - 8 = 2   13 - 7 - 3 = 3

17 - 9 - 7 = 1   18 - 8 - 1 = 9

16 - 6 - 2 = 8   13 - 5 - 3 = 5

11 - 1 - 6 = 4   14 - 4 - 8 = 2

12 - 3 - 2 = 7   16 - 6 - 6 = 4

빼서 10이 되는 두 수를 먼저 계산하여 □ 안에 알맞은 수를 써넣으세요.

12 - 5 - 2 = 5   13 - 3 - 3 = 7

11 - 7 - 1 = 3   15 - 5 - 1 = 9

14 - 4 - 6 = 4   17 - 7 - 7 = 3

16 - 6 - 1 = 9   15 - 9 - 5 = 1

13 - 2 - 3 = 8   14 - 3 - 4 = 7

18 - 8 - 8 = 2   19 - 9 - 2 = 8

15 - 5 - 6 = 4   16 - 9 - 6 = 1

P 62 ~ 63

3주차 drill **10을 이용한 빼기 (1)**

□ 안에 알맞은 수를 써넣으세요.

11 - 3 = 8   13 - 5 = 8

14 - 7 = 7   12 - 3 = 9

11 - 8 = 3   15 - 6 = 9

16 - 8 = 8   13 - 7 = 6

12 - 9 = 3   16 - 7 = 9

14 - 6 = 8   15 - 7 = 8

12 - 5 = 7   18 - 9 = 9

□ 안에 알맞은 수를 써넣으세요.

13 - 6 = 7   11 - 4 = 7

12 - 6 = 6   13 - 8 = 5

15 - 6 = 9   17 - 9 = 8

14 - 8 = 6   11 - 5 = 6

12 - 4 = 8   14 - 7 = 7

16 - 9 = 7   12 - 7 = 5

13 - 5 = 8   13 - 7 = 6

P 64 ~ 65

정답

4주차 drill 10을 이용한 빼기 (2)

□ 안에 알맞은 수를 써넣으세요.

12 − 7 = 5   11 − 4 = 7

13 − 5 = 8   12 − 3 = 9

14 − 5 = 9   13 − 6 = 7

11 − 5 = 6   14 − 7 = 7

15 − 7 = 8   13 − 4 = 9

12 − 6 = 6   14 − 6 = 8

11 − 9 = 2   16 − 8 = 8

□ 안에 알맞은 수를 써넣으세요.

13 − 5 = 8   12 − 5 = 7

14 − 8 = 6   12 − 6 = 6

15 − 6 = 9   15 − 7 = 8

12 − 7 = 5   14 − 9 = 5

12 − 4 = 8   13 − 6 = 7

11 − 7 = 4   13 − 5 = 8

16 − 8 = 8   17 − 9 = 8